CATALOGUE

DES PLUS EXCELLENS

Fruits, les plus rares & les plus estimés, qui se cultivent dans les Pepinieres des Reverends Peres Chartreux de Paris.

Avec leurs descriptions, & le tems le plus ordinaire de leur maturité.

A PARIS,

Chez Jean-Baptiste Delespine, Imprimeur-Libraire ordinaire du Roy, ruë Saint Jacques, à Saint Paul.

M. DCCXXXVI.

Avec Permission.

CATALOGUE

DES PLUS EXCELLENS

fruits, les plus rares & les plus estimés, qui se cultivent dans les Pepinieres des Reverends Peres Chartreux de Paris.

Avec leurs descriptions & le tems le plus ordinaire de leur maturité.

PESCHES.

'Avant Pêche Blanche, est petite, longuette, ne prend point de rouge, ses feüilles sont dentelées ; elle fleurit à grandes fleurs; elle se mange au commencement de Juillet; elle est estimée à cause de sa primeur ; elle est un peu musquée & l'eau en est très-sucrée.

L'Avant-Pêche de Troyes, qu'on nomme aussi Avant-Pêche Rouge, est plus grosse que l'Avant-Pêche Blanche; elle est un peu plus ronde; elle est rouge comme le vermillon, son goût est relevé & musqué : elle fleurit à grandes fleurs, & meurit à la fin de Juillet.

La Double de Troyes, ou petite Mignone, est de moyenne grosseur, assez ronde, elle prend beaucoup de rouge, elle a le goût relevé pareil à celui de l'Avant-Pêche de Troyes, elle fleurit à petites fleurs : sa maturité est à la fin de Juillet & au commencement d'Août.

L'alberge Jaune a la chair jaune, d'une mediocre grosseur, un peu plus longue que ronde, d'un goût excellent quand on la laisse meurir parfaitement; elle fleurit à petites fleurs, elle prend assez de couleur; elle se mange au commencement d'Août.

La Madeleine Blanche, est ronde, d'une bonne grosseur, son eau est sucrée, & vineuse, le noyau en est petit, elle ne prend presque point de rouge, elle a ses feüilles dentelées, elle fleurit à grandes fleurs, son bois a toûjours la moüelle noirâtre : sa maturité est au commencement d'Août.

La Pourprée hâtive, est grosse, ronde, d'un beau rouge, son goût est très-fin & délicieux : c'est une excellente Pêche, elle fleurit à grandes fleurs : elle se mange au commencement d'Août.

La grosse Mignone, est un peu plus longue que ronde : elle a ordinairement un côté plus élevé que l'autre, elle a le noyau assez petit, elle est belle en couleur, son eau est très-sucrée ; c'est une des meilleures Pêches, elle fleurit à grandes fleurs, & se mange à la mi-Août.

La Chevreuse hâtive ou belle Chevreuse, est d'une bonne grosseur, elle est plus longue que ronde, elle prend un rouge vif, l'arbre charge beaucoup, elle a l'eau douce & sucrée, elle fleurit à petites fleurs, & se mange à la mi-Août.

La veritable Madeleine Rouge, est grosse, assez ronde, d'un beau rouge, son eau est sucrée & relevée, c'est une excellente Pêche : elle fleurit à grandes fleurs, ses feüilles sont dentelées profondément : sa maturité est à la fin d'Août ; on la nomme aux environs de Paris Madeleine de Courson.

Le Pavie Blanc où Pavie Madeleine, ainsi nommé par sa ressemblance à la

Madeleine Blanche, par son fruit, ses fleurs, & ses feüilles. Il ne quitte point le noyau comme tous les Pavies & les Brugnons : il se mange à la fin d'Août.

La Pêche Malte, ressemble beaucoup aux Madeleines par ses fleurs, son fruit & ses feüilles ; elle est très estimée en Normandie, elle prend assez de rouge : sa maturité est à la fin d'Août.

La Chancelliere ressemble beaucoup à la belle Chevreuse pour sa grosseur, sa couleur & son goût, elle est un peu plus ronde, sa peau est très-fine, elle fleurit à petites fleurs : elle se mange à la fin d'Août, & au commencement de Septembre.

La Pêche Cerise, est petite, ronde, la peau lisse, sans poils, d'une couleur blanc clair, & d'un rouge vif du côté du Soleil, sa chair est un peu séche, elle fleurit à petites fleurs ; elle se mange à la fin d'Août.

La Belle-garde ou Gallande, est une Pêche fort grosse, assez ronde, d'un rouge très-foncé, tirant sur le pourpre ; sa chair est très-fine & sucrée, c'est une des excellentes Pêches, elle fleurit à petites fleurs, & se mange à la fin d'Août, & au commencement de Septembre, elle n'est pas encore fort commune.

La Petite Violette hâtive est lisse, de moyenne grosseur, assez ronde, sa chair très-fondante & très-vineuse, sa couleur est d'un beau violet du côté du Soleil, elle fleurit à petites fleurs : elle meurit au commencement de Septembre.

La grosse Violette hâtive, est tout à fait semblable à la moyenne par ses fleurs & sa couleur, elle est aussi fondante, mais pas si vineuse, elle est une fois plus grosse, c'est une bonne Pêche : sa maturité est au commencement de Septembre.

La Bourdine, est d'une bonne grosseur, assez ronde, d'un beau rouge, elle est vineuse, estimée pour une excellente Pêche, l'arbre en plein vent charge beaucoup, elle fleurit à petites fleurs, & se mange au commencement de Septembre.

La Rossanne ressemble en tout à l'Alberge jaune par sa couleur, sa chair & sa fleur, mais elle est beaucoup plus grosse, & moins ronde : sa maturité est au commencement de Septembre.

L'admirable est grosse & ronde, prend assez de rouge, sa chair est délicate, elle fleurit à petites fleurs, l'eau en est sucrée, elle est très-estimée ; elle se mange au commencement de Septembre.

La Belle de Vitry, est une espece d'Admirable, elle est plus ronde que longue, ne prend pas beaucoup de rouge, son eau est excellente, elle fleurit à petites fleurs, & se mange à la mi-Septembre.

La Pêche Teindou, est grosse, assez ronde, prend un rouge-tendre, son eau est délicate, elle fleurit à petites fleurs, & n'est pas fort connuë : elle se mange à la fin de Septembre.

Le Brugnon Violet musqué, est lisse, ressemble par sa figure à la grosse Violett châtive, mais un peu plus rond, il ne quitte pas le noyau, il devient excellent quand on le laisse meurir jusqu'à ce qu'il se détache de l'arbre, il fleurit à grandes fleurs, & se mange en Septembre.

Le Teton de Venus, ainsi nommé, parce qu'elle a une tette au bout plus grosse & plus longue qu'aucune autre pêche, ressemble beaucoup à l'Admirable, elle n'est pas si grosse ni si ronde, sa chair est excellente, elle fleurit à petites fleurs : sa maturité à la fin de Septemb.

La Chevreuse tardive, qu'on appelle aussi pourprée, est grosse, & plus longue que ronde, elle prend un très-beau rouge, ce qui l'a fait nommer Pourprée, son eau & sa chair sont ex-

cellentes, elle fleurit à petites fleurs : Elle meurit à la fin de Septembre.

La Nivette veritable, est d'une belle grosseur, un peu plus longue que ronde, prend du rouge, son goût est relevé, son eau est sucrée, c'est une des meilleures Pêches, elle a le noyau petit, & fleurit à petites fleurs : Elle se mange à la fin de Septembre.

La Royale, est grosse, ronde, prend beaucoup de rouge, son goût est relevé & son eau est sucrée, elle ressemble beaucoup à l'Admirable, mais plus tardive, elle fleurit à petites fleurs, & meurit à la fin de Septembre.

La Pourprée tardive, est grosse, ronde, prend un beau rouge, le goût est relevé, l'eau douce, le noyau assez petit, le bois gros, la feüille très-grande, mal unie, sa fleur petite : elle se mange à la fin de Septembre & au commencement d'Octobre.

La Persique est très-grosse, plus longue que ronde, d'un beau rouge, d'un goût délicat, elle a des petites bosses, & un morceau de chair à la queuë, elle charge beaucoup, fait un bel arbre très-vigoureux, fleurit à petites fleurs, se mange à la fin de Septembre & commencement d'Octobre, elle devient moins groſſe ſur les jeunes arbres. La plûpart des Jardiniers la confondent avec la Nivette.

La Violette tardive, ou marbrée eſt de moyenne groſſeur, un peu plus longue que ronde, elle eſt bonne dans les Automnes chaudes & ſéches, elle fleurit à petites fleurs, & ſe mange au commencement d'Octobre.

L'Abricotée ou l'Admirable jaune, a la figure de l'Admirable ordinaire pour ſa groſſeur & ſon rouge, ſa chair eſt comme celle de l'Abricot, ſon goût eſt eſtimé, c'eſt une bonne Pêche pour ſa ſaiſon, elle fleurit à petites fleurs, & ſe mange à la mi-Octobre.

La Pêche de Pau eſt aſſez ronde, aſſez groſſe, prend du rouge, eſt aſſez bonne pour ſa ſaiſon, elle fleurit à petites fleurs, ſe mange en Octobre, ſon noyau eſt ſujet à ſe fendre.

Le Pavie rouge de Pomponne, ou monſtrueux, eſt rond, il eſt d'un rouge incarnat : ſon goût eſt muſqué, ſon eau ſucrée, il ne quitte pas le noyau qu'il a aſſez petit pour la groſſeur de ſon fruit, qui eſt ordinairement de quatorze pouces de circonference, il fleurit à grandes fleurs ; il ſe mange à la fin de Septembre, & au commencement d'Octobre.

Il y a encore plusieurs especes de Pêches qui sont plus curieuses que bonnes, comme la Pêche à fleur double, la Pêche Sanguinolle qui a la chair toute rouge, & qui n'est excellente qu'en compotes.

Il y a aussi le petit Pêcher Nain qu'on met en caisse, pot ou vase, & que l'on sert sur la table avec son fruit qui n'est pas bon.

Il faut remarquer que les Pêches ne viennent pas si grosses ni si bonnes sur les jeunes Pêchers, que sur un vieux arbre vigoureux.

ABRICOTS.

L'Abricot hâtif musqué, autrement l'Abricot précoce, est petit, rond, prend beaucoup de rouge, a les feüilles larges, dentelées & d'un beau verd, il est estimé pour sa primeur.

L'Abricot Angoûmois, est d'une moyenne grosseur, plus long que rond, il est plus coloré que les Abricots ordinaires, sa chair est plus rouge, fondante & vineuse, son bois & ses feüilles sont particulieres, il a l'amende douce comme une aveline, il n'est pas commun.

L'Abricot Blanc reſſemble en tout au précoce, ne prend pas de rouge, ſa chair eſt délicate & blanche, & a le goût de Pêche.

Le gros Abricot ordinaire eſt aſſez connu, ſans le décrire, c'eſt le meilleur de tous, ſa beauté & ſa groſſeur dépend du bon fond & du ſujet ſur lequel on le greffe.

Il y a pluſieurs autres ſortes d'Abricots, qui font preſque autant de varietés qu'on ſeme de noyaux.

CERISES.

La Ceriſe précoce eſt petite, très-rouge, la chair a un peu d'acide, néanmoins fort eſtimée par ſa primeur, elle meurit au commencement de Juin, il faut la mettre en Eſpalier au midy.

La Ceriſe à courte-queuë ou de Montmorency, eſt groſſe, ronde, d'un goût excellent, le bois eſt menu, les feüilles petites, & charge par bouquet.

La Ceriſe blanche, eſt plus longue que ronde, de couleur ambrée ; ſon eau eſt douce & ſucrée, ſes feüilles reſſemblent à celles du Guignier.

Le Bigareau eſt plus long que rond, blanc d'un coté & rouge de l'autre, le

gros est le meilleur, il a la chair ferme & sucrée.

La grosse cerise est ronde, très-rouge, l'eau douce, le bois est gros & les feüilles larges, l'arbre charge mediocrement, c'est une bonne Cerise.

La Griote est une espece de Cerise, grosse, noire, fort douce; le bois gros, la feüille large & d'un verd foncé.

La Cerise Royale est grosse, assez ronde, d'un rouge noir, l'eau est douce sans acide, son bois est assez gros, sa feüille large & fort dentelée; c'est une excellente Cerise, elle n'est pas commune, les Anglois la nomment *Cherry-Duke.*

Il y a encore plusieurs especes de Cerises plus curieuses que bonnes, comme la Cerise à bouquet, qui porte quelquefois huit, dix & douze Cerises sur un même pedicule.

La Cerise à grappes qui fleurit toûjours en poussant, de sorte qu'il y a des fleurs, du fruit noüé, du verd & du mûr; il y en a jusqu'aux gelées, on la nomme Cerise tardive, il y a aussi pour la curiosité, le Cerisier & le Merisier à fleur double, ce dernier est charmant en fleurs.

PRUNES.

La jaune hâtive, ou Prune de Caraloghe, eft petite, longuette, l'eau douce; elle eft eftimée à caufe de fa primeur, elle meurit au commencement de Juillet, on la met en Efpalier au midy.

Le gros Damas de Tours eft de moyenne groffeur, affez rond, d'un beau violet, la chair jaune, quitte le noyau, il eft eftimé pour fa bonté, il eft hâtif.

La Prune de Monfieur eft groffe, ronde, violette, quitte le noyau, elle eft affez bonne dans les terres legeres & chaudes.

La Mirabelle eft petite, ronde, de couleur d'ambre lors qu'elle eft mûre; elle quitte le noyau, elle eft bien fucrée, c'eft une excellente Prune en confiture.

Le Damas violet eft longuet, très-fucré, quitte bien le noyau, c'eft une bonne Prune.

La Diaprée violette eft longuette, très-fleurie, quitte le noyau, elle paffe pour une bonne Prune.

Les Damas rouges, & blancs, font ronds, quittent le noyau, font très-fucrés & eftimés.

Le Damas de Maugeron eft violet, gros, rond, quitte le noyau, il eft très-bon & eftimé.

Le Damas d'Italie eft une Prune

ronde, d'un violet brun, elle est très
fleurie, elle a l'eau sucrée, quitte le
noyau ; c'est une des bonnes Prunes.

L'imperiale Violette est grosse,
longue, très-fleurie, de la figure d'un
œuf de poule, son eau est très-relevée
& sucrée, elle est estimée.

Le Damas musqué est petit & plat,
bien fleuri, il est musqué, & quitte le
noyau.

La Royale est grosse, ronde, d'un
rouge clair, elle est bien fleurie ; elle
a un goût fort relevé, semblable au
Perdrigon.

Le Perdrigon violet est une Prune
plus longue que ronde, d'un beau
violet, elle est d'un goût fort relevé,
elle est aussi estimée cruë que confite,
elle ne quitte pas le noyau.

Le Perdrigon blanc est de même
figure & grosseur que le violet : il
quitte le noyau, il est aussi excellent
crû que confit.

Le Drap d'or est une espece de Damas, petit, rond ; sa peau est jaune,
marquetée de rouge, il est d'un goût
très-fin & sucré, c'est une bonne Prune.

La grosse Reine-Claude, ou Dauphine, à Tours l'Abricot verd, à Roüen
la verte bonne, en d'autres endroits
Damas Verd, & Trompe-Valet, est

grosse, assez ronde, elle est verte &
prend un peu de rouge au soleil, son eau
est très-sucrée & abondante, & c'est une
des plus excellentes Prunes; elle ne quitte point le noyau, son bois est gros &
lisse de couleur brune, & a de gros yeux,
ses feüilles sont larges d'un verd foncé.

La petite Reine-Claude est blanche,
ronde, plus petite que la Dauphine,
quitte le noyau, elle est un peu seche, son
eau est très-sucrée, sa chair est ferme,
son bois est plus menu verdâtre &
couvert d'un petit duvet, ses feüilles
d'un verd luisant; le fruit, le bois & la
feüille de ces deux Prunes sont très-
differens; neanmoins on confond l'une
avec l'autre.

La Jacinthe est toute semblable à
l'Imperiale violette, un peu moins
longue & aussi grosse, de même goût
& couleur.

L'Abricotée est une Prune blanche
d'un côté & un peu rouge de l'autre,
elle est plus longue que ronde, d'une
bonne grosseur, elle quitte le noyau,
elle est très-estimée : Il y a une Prune
qu'on nomme la Prune d'Abricot, qui
a la chair comme l'Abricot, elle est
plus seche que l'Abricotée.

La Sainte-Catherine est blanche,
plus longue que ronde, prend la cou-

leur d'Ambre, son eau est très-sucrée, elle est excellente cruë & en confiture.

Le Damas de Septembre, Prune de Vacance ou de Retenuë, est violette, un peu longuette, quitte le noyau, elle meurit après les autres, c'est son principal merite, elle charge beaucoup.

L'Imperatrice, que l'on nomme en F'andres, Prune de Princesse & d'Altesse, est petite, longuette, d'un beau violet, a la chair jaune, très-tardive, on en mange encore en Novembre, elle est fort bonne pour une Prune de cette saison; elle n'est pas fort connuë.

Il y a encore des Prunes qui font curieuses, comme la Prune à fleur double, qui est grosse, verte, charge peu & n'est pas excellente, & la Prune sans noyau qui est noire, petite & rare.

POIRES D'ETE',
D'AUTOMNE ET D'HYVER.

Le Petit-Muscat ou Sept-en-gueule, est petit, rond, il a l'odeur de musc & le goût très-relevé, il vient par bouquet, il est fort estimé à cause de sa primeur, il est demi beuré : sa maturité est au commencement de Juillet.

L'Aurate est aussi excellente que le Petit-Muscat, elle est six ou sept fois plus grosse, elle prend du rouge du côté du Soleil, c'est une très-bonne

Poire, elle n'est pas encore fort connuë, elle est presque aussi hâtive que
le Petit-Muscat.

La Poire de Madeleine ou Citron
des Carmes, est de moyenne grosseur,
un peu plus longue que ronde, de
couleur jaunâtre, son eau est douce,
& fort bonne, mais elle est sujette à
cotonner, demi fondante : elle meurit
ensuite de Laurate.

Le Muscat-Robert, autrement Poire
à la Reine, ou Poire d'Ambre, est
presque aussi grosse que l'Aurate, plus
ronde, sa peau lisse & jaune, sa chair
tendre, c'est-à-dire ni beuré ni cassante,
d'un goût sucré très-relevé, son bois
est jaune & sa feüille large: mi-Juillet.

La Cuisse-Madame est longue &
menuë vers la queuë, sa peau est jaune & rouge, l'eau très-sucrée, elle est
demi beuré : en Juillet.

La Bellissime ou Supreme est de bonne grosseur, a la figure d'une grosse
figue, sa couleur est jaune foüetté de
rouge, sa chair est demi beuré, de bon
goût, l'eau douce, il la faut cüeillir
un peu verte étant sujette à cotonner,
en Juillet.

Le Gros-Blanquet ou Blanquette est
plus long que rond, de moyenne grosseur, la peau licée, l'eau sucrée & re-

levée, la chair caſſante, le bois eſt gros & la feüille large, fin de Juillet.

Le Blanquet à longue queuë eſt plus petit que le gros, de même figure, ſa chair demi caſſante, ſon eau ſucrée, elle eſt très-eſtimée :: commenc. d'Aouſt.

L'Epargné ou de Beau-Preſent ou de Saint-Samſon eſt groſſe, longue, verdâtre, prend un peu de rouge, ſa chair eſt un peu âpre & caſſante, elle a la queuë longue : fin de Juillet & commencement d'Aouſt.

La Poire Sans-Peau, ou Fleur de Guigne, eſt de la figure du Rouſſelet, de couleur verdâtre, ſa chair eſt fondante, d'un goût parfumé, c'eſt une excellente Poire; elle a ſon bois long & droit.

Le Rouſſelet hatif, ou Poire de Chipre, ou Perdreau, eſt petite, ronde, de la couleur du Rouſſelet. Sa chair demi beurée ; l'eau parfumée. Elle eſt ſujette à molir, ſi on ne la cüeille un peu verte.

L'Ognonnet, Amiré-roux, ou Archiduc d'Eté, eſt ronde, platte, de couleur blanchâtre, & un peu rouge. La queuë courte; ſa chair demi caſſante, & d'un goût roſat: fin de Juillet & commencement d'Août.

L'Epine-Roſe, ou Poire de Roſe

eſt une fois plus groſſe que l'Ognonnet ;
à la même figure, le même goût, la
queuë plus longue , le bois plus gros,
& la feuille plus grande. Elle eſt plus
tendre , & demi fondante. Commencement d'Août.

La Bergamotte d'Eté, ou Milan de
la Beuvriere, eſt bonne, reſſemble à
la Bergamotte d'Automne ; plus groſſe.
Elle eſt demi beurée , eſt ſujette à cotonner , ſi on ne la cüeille un peu verte. Le bois & les feuilles ſont farineu-
ſes. Commencement d'Août.

L'Orange rouge eſt ronde , ſemblable à une Orange par ſa figure, d'un
fond gris , & d'un rouge de corail ;
l'eau bien ſucrée ; un peu caſſante &
muſquée. Il la faut prendre un peu
verte , pour qu'elle ne ſoit point coton-
neuſe. Août.

L'Orange muſquée eſt de même figure que la précédente ; mais moins
groſſe & plus verte ; ne prend preſque point de rouge. Elle eſt caſſante ;
mais eſtimée pour ſon muſc agréable.
Sa maturité eſt de même que la rouge.

Le Salviati eſt de moyenne groſſeur ,
rond, beau & jaune ; prend un peu
de rouge au Soleil, eſt excellent, ſon
eau eſt ſucrée & parfumée , il eſt demi
beuré , ſans marc. Il eſt bon au ſucre ,

on en fait aussi du Ratafiat. Août.

La Chair-à-Dame est de moyenne grosseur, assez ronde, grise, de couleur izabelle, prend un peu de rouge ; sa chair n'est pas fine ; elle est demi cassante. Août.

La Cassolette, Friolet, Muscat verd, Lechefrion, est de moyenne grosseur, ni longue, ni ronde ; elle est verdâtre, son eau musquée & sucrée. Elle est cassante & tendre ; l'arbre charge beaucoup, elle se garde assez pour un fruit d'Eté. Août.

Le Roi d'Eté a la figure & la couleur du Rousselet ; mais il est quatre fois plus gros, un peu plus pointu vers la queuë ; sa peau est rude & marquetée de petits points gris, sa chair n'est pas fine, son eau est bonne, & un peu parfumée, demi cassante. Août.

La Robine, ou Royale d'Eté, est petite, ronde, jaune ; elle est très-musquée & sucrée, & estimée des curieux, demi cassante, charge par bouquet. Elle vient plus grosse sur le Coignassier, que sur le Franc. Août.

Le Rousselet de Reims, est une excellente Poire, tout le monde la connoît : elle meurit fin d'Août & commencement de Septembre.

L'inconnu Cheneau, ou Fondante

de Breſt , quoiqu'on la nomme fondante,elle ne l'eſt pas , elle eſt caſſante,
plus longue que ronde , jaune d'un côté & rouge de l'autre , ſon eau eſt ſucrée & relevée , elle charge beaucoup ,
ſon bois pouſſe gros , & jamais droit.
Fin d'Août & commencement de Septembre.

Le Bon-Chrétien d'Eté muſqué , eſt
une Poire d'une groſſeur raiſonnable,
longue , ſa peau eſt jaune , liſſée, fouët-
tée de rouge , quand on la découvre ,
ſa chair eſt parfumée & caſſante. Quoiqu'on le nomme Bon-Chrétien , ni ſon
bois ni ſes feuilles n'en ont le caractere,
la Poire en a ſeulement la figure.

Le Bon - Chrétien d'Eté , ou Gra-
cioli , eſt gros , long , liſſé , jaune,
ſon eau eſt très-ſucrée , il eſt demi caſſant ; quoiqu'il ne ſoit pas générale-
ment eſtimé , c'eſt une bonne Poire ,
ſemblable au Bon-Chrétien d'Hyver
pour ſa figure,elle eſt excellente en compotes. Commencement de Septembre.

L'Epine d'Eté , ou Fondante muſquée , en Italie Bugiarda , eſt d'une
bonne groſſeur , longue , ſa peau liſſée & verdâtre , ſa chair fondante , relevée & parfumée. C'eſt une excellente
Poire.Loüis XIV.la nommoit la bonne
Poire. Commencement de Septembre.

La Poire d'œuf ainsi nommée parce qu'elle en a la figure, est d'une bonne grosseur, sa couleur est verdâtre, marquée de points gris; elle est panachée de rouge & de verd du côté du soleil; sa chair est tendre, demi-beuré, & d'un goût très-relevé; elle nous vient d'Allemagne où elle est très-estimée & même assez rare, sa maturité est au commencement de Septembre.

L'Orange Tulippée, ou la Poire aux mouches, est d'une bonne grosseur, assez ronde, verte & rouge du côté du Soleil, sa chair est demi cassante, un peu âpre, mais d'un goût agréable. Commencement de Septembre.

Le Beuré d'Angleterre, ou simplement l'Angleterre, est d'une moyenne grosseur, un peu longuette, de couleur grisâtre, sa chair est demi beurée & fondante, d'un goût relevé, elle est sujette à molir, si on la garde quelque tems. Septembre.

Le Beuré est une grosse Poire, connuë de tout le monde, elle est belle à voir: il y en a de grises & de rouges, qui ne font qu'une espece; son beuré est si fondant, qu'elle en porte le nom, elle est d'un suc & d'un fumet admirable. C'est une des plus excellentes Poires. Elle devient toûjours grise sur les arbres vigoureux & sur le Franc. Fin de Septembre & commencement d'Octobre.

La Verte longue, ou Moüille bouche ordinaire, est longue, & verte, même étant mûre, elle est très-fondante, d'une eau excellente dans les terres chaudes, elle n'est pas si bonne dans les terres froides & humides, charge beaucoup. Commencement d'Octobre.

La Verte longue pannachée, ou Suisse, n'est différente de la précédente, que parce qu'elle est rayée de verd, de jaune & de rouge. elle est très-fondante, & a le même goût ; sa maturité est de même, son bois est panaché de jaune.

Le Doyenné, ou Beuré blanc, Saint Michel de bonne-Ente, est gros, jaune comme un Citron, lorsqu'il est mûr ; il est très-beuré, son eau sucrée, il est bon dans les années seches, & a un bon fumet, l'arbre charge beaucoup, il le faut manger un peu vert, autrement il devient cotonneux. Octobre.

Le Bezy de la Mote est gros, ressemble pour sa figure au Doyenné, il n'est pas si jaune, sa chair est fondante & douce. C'est une bonne Poire. Octobre.

Le

Le Meffire Jean eft une groffe Poire.
Il y en a de gris & de dorez : il eft d'un
goût exquis, fa chair eft caffante,
& pierreufe, fon eau très-relevée ; il
eft fort eftimé. Il en eft de fa varieté
comme de celle des Beurez. Octobre.

La Bergamotte Suiffe eft d'une bonne groffeur, ronde, platte, licée, panachée de verd, de jaune & de rouge,
eft beurée, fondante & fucrée : le
bois eft pannaché. C'eft une excellente
Poire. Octobre.

La Bergamotte d'Automne, eft
groffe, platte, liffée, jaune, en meu-
riffant, elle eft beurée & fondante : elle
fait un bel arbre : l'Efpallier lui con-
vient mieux que le buiffon, où il devient toûjours galleux. Octobre.

Le Sucré-verd eft affez gros, plus
rond que long, fa peau liffée & verte,
il eft très-beuré & très-fucré. L'arbre
charge beaucoup, & par bouquet, &
fait un gros bois. Octobre.

La Poire de Vigne ou de Demoifelle
eft petite, affez ronde, grife-brune,
la queuë fort longue, eft fondante,
d'un goût fort relevé, elle eft fujette à
mollir, quand on la laiffe trop meurir.
Octobre.

La Poire de Lanfac, ou Dauphine,

que plusieurs Auteurs nomment Satin, est ronde, sa peau est jaune & lissée, son eau est sucrée, sa chair fondante, & a un petit fumet agréable. Fin d'Octobre. Elle fut présentée pour la premiere fois à Loüis XIV. lorsqu'il étoit Dauphin, par Madame de Lansac pour lors sa Gouvernante.

La Franchipanne ou Dauphine, est plus longue que ronde, d'une bonne grosseur, sa peau est lissée & jaune ; elle est demi fondante & bonne, son eau est douce & sucrée, elle a le goût de Franchipanne. Fin d'Octobre.

La Bellissime d'Automne, ou Vermillon, est de la figure de la Cuisse-Madame, elle est plus grosse, & a le même goût, elle est sucrée, & cassante. Elle est très-bonne, quand elle est bien mûre. Fin d'Octobre.

La Jalousie est grosse, un peu pointuë vers la queuë, d'une couleur grisâtre, semblable au Martin sec, elle a beaucoup d'eau, elle est sujette à mollir, si on ne la cuëille un peu verte. Fin d'Octobre.

La Rousseline est longue, pointuë vers la queuë qu'elle a très-longue, elle a beaucoup de rapport au Rousselet pour sa couleur : elle est sucrée, mus-

quée, & demi beurée. Novembre.

La Marquife eft groffe, reffemble au Bon-Chrétien d'Hyver par fa figure, elle eft un peu plus pointuë vers la queuë, fa peau eft verte, elle vient jaune en mûriffant : elle eft beurée & fondante, fon eau eft fucrée & un peu mufquée. C'eft une Poire excellente, elle fait un bel arbre. Novembre.

Le Bon-Chrétien d'Efpagne eft de même figure que le Bon-Chrétien d'hyver. Il eft beau & rouge; fa chair eft feche & caffante. Il eft eftimé pour fervir fur table, & pour les compotes. Novembre.

La Loüife bonne eft groffe, plus longue que ronde, de couleur blanchâtre, fa peau liffée & douce : elle eft demi beurée, fon eau eft douce dans les terres feches, elle a un fumet agréable; elle fait un bel arbre. Novembre.

La Crafane, ou Bergamotte Crafane, eft groffe, ronde, d'un gris verdâtre : elle jaunit un peu en mûriffant, elle eft très-fondante, fon eau fucrée, & un peu parfumée ; elle a une âpreté qui eft agréable au goût, elle eft très-eftimée. C'eft une bonne Poire. Novembre.

L'Epine d'hyver est d'une bonne grosseur, plus longue que ronde : elle est verte, elle jaunit un peu en mûrissant ; elle est très-fondante, un peu musquée & beurée : elle a le goût plus fin, greffée sur le Coignassier, que sur le Franc, & dans les terres seches & chaudes. Novembre.

La Merveille d'hyver, ou petit Oïn, est d'une bonne grosseur, d'une figure inégale, n'étant ni ronde, ni longue : elle est verdâtre, sa chair est fondante, & d'un beuré très-fin, & l'eau très-agréable : l'arbre réussit mieux sur le Franc que sur le Coignassier. Novembre.

La Pastorale, ou Musette d'Automne, est longue & d'une bonne grosseur ; sa peau est grisâtre, sa chair est demi fondante, un peu musquée. C'est une bonne Poire : elle se garde jusqu'en Décembre.

Le Martin sec est plus long que rond, sa peau est grise, prend beaucoup de rouge au Soleil, sa chair est cassante, son eau est sucrée, d'un goût agréable : il se garde jusqu'en Fevrier ; il est aussi estimé crû que cuit.

La Virgouleuse est grosse, longue & verte ; elle jaunit en mûrissant : elle est beurée & fondante. C'est une des,

meilleures Poires ; tout le monde la connoît par son excellente bonté : elle fait un arbre superbe, tant par son bois, que par ses feuilles. Fin de Novembre, Décembre & Janvier.

L'Ambrette est de moyenne grosseur, ronde, blanchâtre dans les terres légeres, & grise dans les terres fortes : elle est fondante, son eau est sucrée, relevée & exquise, quand elle est greffée sur le Coignassier ; son bois est toûjours épineux.

La Mansuette ressemble beaucoup au Bon-Chrétien d'hyver par son fruit, son bois & ses feuilles ; elle est moins grosse du coté de l'œil, demi cassante, son eau douce & agréable : & elle est fort estimée en Flandres.

Le Bezy de Chassery ou Leschassery est de moyenne grosseur, rond en ovale, de couleur blanchâtre : il est beuré & fondant : son eau est sucrée & musquée. C'est une des plus excellentes Poires d'hyver. Ses feuilles sont longues & étroites.

La Bergamotte de Soulers est assez grosse, moins platte, & de même couleur que la Bergamotte d'Automne : elle est tachetée de petits points noirs ; elle est beurée & fondante, son eau est sucrée.

B iij

Fevrier & Mars.

Le S. Germain eft gros , long , il eft verdâtre ; il jaunit en mûriffant , eft très-beuré & fondant. C'eft une excellente Poire : elle fe garde jufqu'en Mars, & quelquefois en Avril. Elle fait un bel arbre , & très-vigoureux ; fes feuilles font longues, elles font le demi cercle recourbé en deffous.

Le Martin-Sire , ou Poire de Ronville , eft plus long que rond, d'une moyenne groffeur , verdâtre & liffé , fa chair eft caffante , fon eau douce : elle fe mange en Janvier.

Le Bezy de Chaumontel, qu'on nomme auffi Beuré d'hyver, eft affez femblable au Beuré pour fa figure & fa couleur. Il eft demi beuré & fondant : l'eau en eft fucrée. C'eft une bonne Poire. En Fevrier.

La Royale d'hyver , en Italie Spina di carpi , eft belle , groffe , plus longue que ronde , de la figure & de la couleur du Bon-Chrétien d'Eté : elle prend du rouge , elle jaunit en mûriffant : fa chair eft demi beurée , & fondante , & très-fucrée dans les terres feches & chaudes. Janvier , Fevrier. Le bois eft gros , les feuilles larges , qui font le bateau. Sa greffe fait le bourlet fur le Coignaffier.

L'Orange d'hyver a la figure des autres Oranges : elle eſt blanchâtre, demi caſſante, l'eau relevée. Sa maturité eſt en Mars & Avril.

Le Colmart, ou Poire-Manne, eſt gros, plus long que rond, blanchâtre, prend un peu de rouge du côté du Soleil : il eſt beuré & fondant ; ſon eau eſt ſucrée, & d'un goût très-fin. C'eſt une des plus excellentes Poires d'hyver que nous ayons. Elle ſe mange en Fevrier, Mars, & quelquefois en Avril.

Le Rouſſelet d'hyver eſt de la même groſſeur & figure que le Rouſſelet ; ſa couleur approche de celle du Martin-Sec : il prend du rouge, il eſt demi caſſant, d'un goût un peu relevé. Sa maturité eſt en Mars.

Le Bon - Chrétien d'hyver eſt une Poire ancienne , aſſez connuë de tout le monde, ſans la décrire : elle dure juſqu'au Printems. Il vient plus gros, plus doré, & plus rouge ſur le Coignaſſier que ſur le Franc, & plus beau en eſpallier qu'en buiſſon.

L'Angelique de Bordeaux, ou Saint Martial, eſt aſſez ſemblable au Bon-Chrétien d'hyver ; mais plus platte, & moins groſſe ; elle eſt caſſante & ſucrée : elle ſe garde fort long-tems.

La Bergamotte de Pâques ou d'hyver, est un peu ressemblante à la Bergamotte d'Automne, mais plus longue : elle est demi beurée ; elle se garde long-tems : on en mange encore en Mars.

Le Muscat l'Alleman est une excellente Poire, plus longue que ronde, de la figure de la Royale d'hyver : son bois & ses feuilles en approchent : elle est moins grosse vers l œil, elle est plus grise , & prend plus de rouge au Soleil : elle est beurée , fondante , & un peu musquée. On la mange en Mars, Avril ; il va quelquefois en May.

La Bergamotte de Hollande est assez grosse & ronde , de la figure des Bergamottes : sa couleur est verdâtre , sa chair est demi beurée , & tendre ; son eau relevée. C'est un bonne Poire, qui se garde jusqu'en Juin : elle n'est pas fort connuë.

POIRES EXCELLENTES A CUIRE.

Le Franc-Real est une grosse Poire, un peu longue , verdâtre , marquetée de petits points gris. C'est une Poire excellente en compotes , & à cuire dans la cloche. L'Arbre charge beaucoup : le bois & les feuilles sont farineuses.

La Catillac est une très-grosse Poire blanchâtre, & un peu plus longue que ronde, de couleur grisâtre. Elle est très-bonne cuite de toutes façons : son bois est gros, & ses feuilles larges.

La Double-Fleur est une Poire longue, grise, rouge du côté du Soleil : sa fleur est très-double ; elle fait plaisir à voir. Elle est excellente à cuire, & se garde très-long-tems.

La Poire de Livre est fort grosse, assez ronde : elle est très-bonne cuite. L'Arbre pousse vigoureusement ; son bois est fort gros, & sa feuille très-large.

Il y a encore des Poires qui sont plus curieuses qu'excellentes : comme la Sanguinolle, qui est rouge dedans. Elle n'est estimée que par sa singularité : sa maturité est au mois d'Août.

La Poire de Naples est assez grosse, un peu longue & verdâtre ; sa chair est demi cassante, son eau douce. Elle se mange en Mars : ses feuilles sont longues, étroites & ondées, & fort singulieres.

POMMES.

La Calville d'Eté, est un peu longuette, de moyenne grosseur, rayée de blanc & de rouge, sa chair est légere

& séche; l'eau assez douce, elle n'est estimée que par sa primeur, elle se mange au commencement de Juillet.

Le Rambour Franc, est une grosse Pomme d'une figure un peu platte, blanche, rayée d'un peu de rouge, elle est excellente cuite principalement en compotes, elle est estimée à cause de sa primeur, elle fait un bel arbre, le bois est fort gros & la feüille très-large.

La Calville Blanche, est une grosse Pomme blanche dedans & dehors, elle est par côtes, sa chair est très-legere & le goût très-relevé, sans aucun acide, elle est fort estimée, son bois est gros, sa feüille large, elle fait un bel arbre, & se garde assez de tems.

La Calville Rouge, est grosse, plus longue que ronde, d'un beau rouge, sa chair très-legere, son goût est vineux, c'est une excellente Pomme, les vieux arbres en produisent de rouges dedans, pourvû qu'elle soit dans une terre forte & froide, elle se garde long-tems.

Le Fenoüillet Gris, ou Pomme d'Anis, est d'une moyenne grosseur, un peu plus longue que ronde, & grisâtre, sa chair est tendre, elle a le goût

d'Anis, elle eſt excellente quand elle eſt un peu fannée, le bois & les feüilles ſont blanchâtres.

Le Fenoüillet Rouge ou Bardin, ou Courpenduë, ſelon M. de la Quintynie, eſt ſemblable à la précédente, mais plus griſe & d'un rouge-brun du côté du Soleil, elle a le même goût, mais plus ſucrée, elle eſt muſquée dans les terres legeres & chaudes.

La Reinette Franche, eſt aſſez connuë, elle eſt groſſe & belle, elle jaunit en meuriſſant, elle eſt tiquetée de petits points gris, elle a l'eau ſucrée, c'eſt une des plus excellentes Pommes tant cruë que cuitte, on en garde juſqu'aux nouvelles, elle eſt eſtimée de tout le monde pour ſa beauté & bonté.

La Reinette Griſe, eſt groſſe, très-bonne, elle a l'eau ſucrée, elle ne ſe garde pas ſi long-tems que la Reinette Franche, elle eſt auſſi eſtimée, elle lui reſſemble hors la couleur qui eſt très-griſe.

La Reinette Rouge a la figure des Reinettes, mais plus ronde & moins groſſe, elle eſt d'un beau rouge ſur un fond blanchâtre, ſa chair eſt ferme & l'eau ſucrée, elle ſe garde aſſez long-tems, mais elle n'eſt pas fort commune.

La plûpart la confondent avec la Reinette Franche.

La Pomme d'Or, ou Reinette d'Angleterre, nommée par les Anglois, *Gould-Pippin*, est un peu plus longue que ronde, & d'une moyenne grosseur & jaune comme de l'or, elle est tiquetée de petits points rouges, elle est sucrée & a le goût plus relevé que la Reinette, elle est fort estimée de tous les Curieux, elle se garde assez de tems, elle nous est venuë d'Angleterre.

La Pomme Violette, est assez grosse, blanchâtre & fouetée de rouge où le Soleil n'a pas donné, & fort chargée de rouge où elle a été découverte, sa chair est fort blanche & fort fine & délicate, l'eau très-douce & sucrée, c'est une bonne Pomme, mais elle ne passe pas l'année, elle a un petit goût de violette, ce qui lui en fait donner le nom.

La Pomme de drap d'or, est grosse, sa peau est semblable à du drap d'or, ce qui fait qu'on la nomme de même, son eau est bonne, sa chair est un peu cottonneuse, elle ne passe pas l'année, elle est estimée des Curieux.

La Pomme Dapy est fort connuë de tout le monde sans la décrire, la petite

eſt meilleure que la groſſe, qu'on nomme Pomme de Roſe, parce qu'elle la
ſent. La premiere devient plus rouge
& a un meilleur goût, elle eſt fort eſtimée, elle ſe garde très-long-tems.

La Pomme-Figue ſans pepin vient
comme une Figue ſans fleurir, elle eſt
longuette, d'une moyenne groſſeur,
elle eſt plus curieuſe que bonne, ſa
ſingularité la fait eſtimer.

Il y a encore beaucoup de ſortes de
Pommes, mais moins bonnes, & qui
ne ſont eſtimés qu'en certains Païs,
pour cuire ou pour le cidre.

R A I S I N S.

Le Raiſin Précoce ou Morillon noir
hatif, eſt petit, noir, ſucré, & n'eſt
eſtimé que par ſa primeur.

Le Chaſſelas blanc eſt un bon Raiſin
qui meurit parfaitement, quand on a
ſoin de le découvrir, il devient ambré
& d'un goût excellent, il ſe garde
long-tems.

Le Chaſſelas muſqué eſt ſemblable
au Chaſſelas blanc pour la couleur, mais
il eſt muſqué, il meurit parfaitement
& de bonne heure; c'eſt un excellent
Raiſin, il n'eſt pas fort connu.

Le Chaſſelas Rouge n'eſt different
des autres que par ſa couleur, c'eſt un

bon Raiſin, il eſt rare.

Le Cioutat ou Raiſin d'Autriche, eſt preſque ſemblable au Chaſſelas pour ſon goût & pour ſa couleur, ſa feüille eſt découpée comme celle du perſil.

Le Corinthe blanc eſt petit, rond, ſans pepin, il eſt très-ſucré & paſſe vîte, c'eſt un excellent Raiſin.

Le Corinthe rouge eſt tout ſemblable au blanc, hors qu'il eſt rouge, il eſt auſſi bon & ſans pepin.

Le Muſcat blanc eſt un excellent raiſin, très-muſqué, d'un goût très-relevé, il a de la peine à meurir dans les années froides, il faut l'éclaircir pour que les grains ſoient moins ſerrés, pour lors il meurit mieux.

Les Muſcats rouges & les violets ſont ſemblables aux précedens hors leur couleur, ils meuriſſent mieux, parce qu'ils ſont moins ſerrez, ils ſont très-excellens & fort eſtimés.

Le Muſcat d'Alexandrie ou Paſſe-Longue Muſqué eſt excellent, ſe garde beaucoup de tems, il a de la peine à meurir dans les années & dans les terres froides.

Le Muſcat d'Alexandrie rouge, eſt tout ſemblable au blanc, hors qu'il eſt rouge, il eſt fort rare & fort eſtimé des curieux.

Le Raisin pannaché de noir & de blanc, n'est estimé que par sa singularité.

Le Bourdelais ou Verjus, est excellent pour confire & pour le Verjus.

Il y a beaucoup de sortes de Raisins qui sont curieux & qui meurissent difficilement, comme les Cornichons rouges & blancs, le Grec, &c.

FIGUES.

La Blanche-ronde, est grosse, charge beaucoup dans le printems & l'automne, elle a le grain petit, la chair très-sucrée, & le goût très-relevé.

La Blanche-longue est tout-à-fait semblable à la ronde pour sa bonté, mais elle charge moins dans le printems, elle meurit fort bien dans les automnes chaudes.

Les Violettes sont de deux sortes. La grosse longue, & la ronde qui est plus petite : elles sont de beaucoup inférieures aux blanches, elles chargent moins dans le printems, & elles meurissent difficilement l'automne.

Il y a encore beaucoup de sortes de Figues qui ne réüssissent point dans notre climat.

AZEROLLES.

L'Azerolle blanche est grosse , & blancheatre , elle ne charge bien qu'en Espalier, ses feüilles sont decoupées & argentées.

L'Azerolle rouge est moins grosse, ses feüilles sont larges sans decoupure, mais dentelées , elle charge par bouquet,& parfaitement en plein air , elle est estimée pour les confitures.

NEFLES.

La grosse Nefle est fort grosse & son bois gros , ses feüilles sont larges.

La Nefle sans pepin est petite, mais estimée par sa rareté.

L'Epine-Vinette sans pepin est petite, mais fort estimée par sa rareté.

AMANDIERS.

Il y a de plusieurs sortes d'Amandiers , comme la grosse Amande , la petite & l'amere : mais celle qui a la coque tendre est la plus recherchée.

Permis d'imprimer & afficher le 26. Septembre 1736. HERAULT.

Table des fruits decrits dans
cet ouvrage.

Pesches.

le   S.t Germain 30
le   Sucré verd 25
la   Verte longue ou mouille bouche 24
la   Verte longue panachée ou suive 24
la   Virgouleuse 28

Pommes.

la   Calville d'eté 33
la   Calville blanche 34
la   Calville rouge 34
le   Fenouillet gris, ou pomme d'Anis 34
le   Fenouillet rouge, ou bardin, ou Courpendue 35
la   Pomme d'apy 36
la   Pomme d'or, ou reinette d'Angletterre 36
la   Pomme de drap d'or 36
la   Pomme violette 36
la   Pomme figue sans pepin 37
le   Rambour blanc 34
la   Reinette franche 35
la   Reinette grise 35
la   Reinette rouge 35